Charles JANET

ÉTUDES SUR LES FOURMIS
LES GUÊPES ET LES ABEILLES

ONZIÈME NOTE

Sur *Vespa germanica* et *V. vulgaris*

LIMOGES

Vᵉ H. DUCOURTIEUX, IMPRIMEUR - LIBRAIRE

7, RUE DES ARÈNES, 7

1895

Charles JANET

ÉTUDES SUR LES FOURMIS

LES GUÊPES ET LES ABEILLES

ONZIÈME NOTE

Sur *Vespa germanica* et *V. vulgaris*

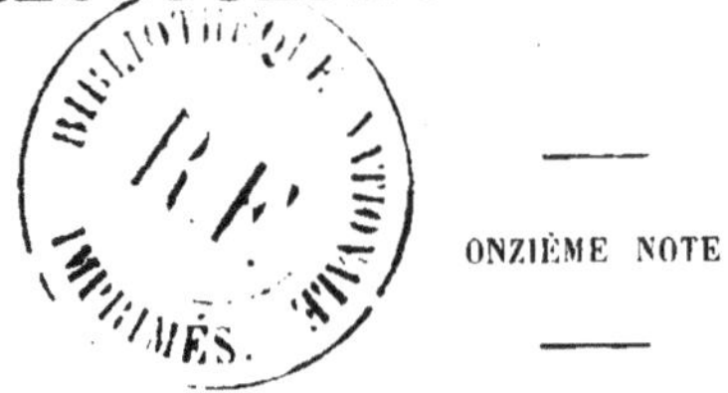

Dans les Notes précédentes, j'ai étudié *V. crabro* Linné et donné quelques observations sur les Guêpes du groupe de *V. media* Retzius. Ici je ne m'occuperai que des deux espèces qui font généralement leur nid sous terre : *V. germanica* Fabricius et *V. vulgaris* Linné.

Vespa germanica, Nid 9

Le 24 mai 1894, les ouvriers employés au bêchage de la pépinière forestière située derrière la maison du garde brigadier, dans le bois du Parc, près Beauvais, ont trouvé, en terre, un certain nombre de petits nids naissants de *V. germanica*.

Tous ces jeunes nids se ressemblant beaucoup entre eux, je n'en décrirai qu'un seul comprenant 16 alvéoles. La figure 1, *A*, le représente ouvert suivant un plan médian.

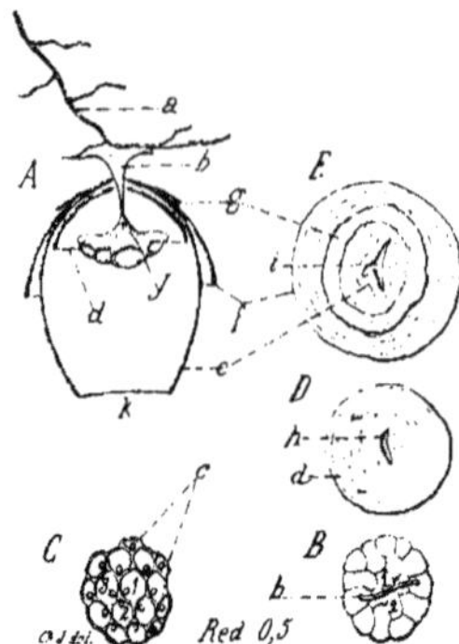

Fig. 1, *V. germanica*, Nid 9, (16 alvéoles), Réd 0,5.

A. Coupe longitudinale par un plan médian (la lame de suspension et le gâteau alvéolaire ne sont pas coupés).
B. Gâteau alvéolaire vu par-dessus.
C. Gâteau alvéolaire vu par-dessous.
D. Première enveloppe vue par-dessus.
E. Ensemble des 2*, 3* et 4* enveloppes vu par-dessus.
a. Radicelle prise comme surface d'attache.
b. Lame de suspension.
1, 2, 3. Premier, deuxième et troisième alvéoles.
c. Les deux derniers alvéoles construits.
d. Première enveloppe.
e. Deuxième enveloppe entourant complètement le nid.
f. Troisième enveloppe.
g. Quatrième enveloppe.
h, i. Orifices pour le passage de la lame de suspension.
j. Gâteau alvéolaire.
k. Ouverture du nid.

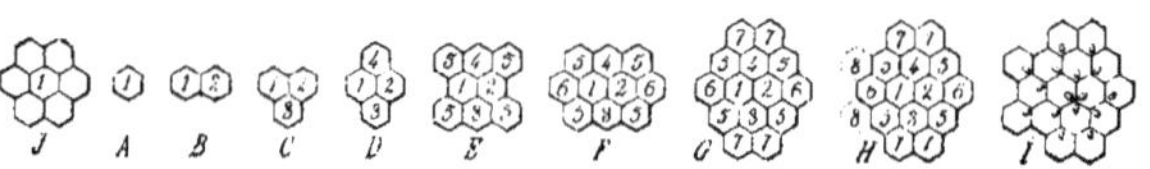

Fig. 2, *V. germanica*, Nid 9.

A à *H*. Ordre d'apparition des alvéoles.
A à *C*. Les trois premiers alvéoles.
D. Figure nucléale formée par les 4 premiers alvéoles.
G. Stade du 2* contour.
H. Etat du nid au moment de la capture.
I. Situation des œufs indiquant l'angle dans lequel l'alvéole a pris naissance.
J. Figure symétrique autour du premier alvéole. Cette figure ne se réalise généralement pas.
1, 2, 3, 4. Premier, deuxième, troisième et quatrième alvéoles formant par leur ensemble la figure nucléale.
5, 6, 7. Groupes d'alvéoles apparaissant successivement et rétablissant, dès que chaque groupe est complet, la symétrie par rapport au grand axe de la figure nucléale.

Tige de suspension. — Tous ces nids étaient suspendus à une longue et fine radicelle (fig. 1, *A, a*) provenant des jeunes arbres cultivés dans la pépinière. Ce mode d'attache n'est certainement pas fortuit mais normal pour ces nids. Ils se trouvent ainsi suspendus dans la chambre creusée en terre, non pas au plafond plus ou moins solide, mais bien à un support végétal vivant qui, malgré sa finesse ($1/4^{mm}$), ne risque pas de se rompre et ne peut se détacher, à cause de ses nombreuses ramifications.

Cette tige de suspension consiste en une lame papyracée ayant environ $1/4^{mm}$ d'épaisseur et 12^{mm} de longueur; elle a 10^{mm} de largeur à sa partie supérieure qui est collée sur le côté de la radicelle, mais elle se rétrécit rapidement, jusqu'à n'avoir plus que 2^{mm} de largeur au point où elle se raccorde avec le cône initial du gâteau alvéolaire.

Gâteau alvéolaire. — L'apparition des premiers alvéoles a eu lieu dans le même ordre que pour les nids de *V. crabro* et *V. media* étudiés précédemment. Cet ordre d'apparition est indiqué par la grandeur relative des alvéoles et par la disposition des œufs, disposition qui montre avec précision l'angle où l'alvéole a pris naissance.

L'alvéole *1*, construit le premier, se retrouve assez facilement. Son apparition a été suivie de très près de celle des alvéoles *2* et *3* et enfin de l'alvéole *4* (fig. 1 et 2). A partir de ce moment, par suite de légères déviations, c'est moins l'alvéole *1* que l'ensemble des quatre premiers alvéoles qui constitue le prolongement géométrique de l'axe de la lame de suspension, et, comme dans les nids de Frelons étudiés précédemment, ces quatre premiers alvéoles donnent une figure nucléale (*D*, fig. 2) autour de laquelle les nouveaux alvéoles viennent se disposer symétriquement.

En *I*, les œufs ont été figurés à la place qu'ils occupent dans l'angle où l'alvéole a pris naissance sous forme d'une petite cupule conique. Il ne peut y avoir d'indécision dans la position de l'œuf que pour les deux alvéoles *6* parce que ces deux alvéoles, contrairement à ce qui a lieu pour les autres, prennent naissance, non pas dans l'angle dièdre formé par les faces adjacentes de deux alvéoles contigus, mais contre une face, sensiblement plane, des alvéoles *1* et *2*. Il en résulte que le fond de la cupule, au lieu d'être, pour ainsi dire, réduit à un point, est formé par une petite arête et que l'œuf peut se trouver déposé indifféremment soit à une extrémité de cette arête soit à l'autre comme on le voit ici (fig. 1, *C;* fig. 2, *I*).

Enveloppes. — La première enveloppe du nid (*A, D, d*) a la forme d'une calotte presque hémisphérique. Elle porte, à son sommet, une fente allongée (*h*) pour le passage de la lame de suspension. Cette première enveloppe est absolument libre : elle ne présente aucune espèce de soudure, ni avec la lame de suspension qui la traverse, ni avec les enveloppes supérieures.

La deuxième enveloppe (A, E, e) qui, au stade actuel, est l'enveloppe principale du nid, a une forme ovoïde. Elle a 32^{mm} de hauteur et 25 de diamètre. Son ouverture inférieure (k), qui constitue l'orifice du nid, a 15^{mm} de largeur. A sa partie supérieure elle présente elle aussi une fente (i) pour la lame de suspension qui la traverse librement, sans contracter avec elle aucune adhérence.

La troisième enveloppe (A, E, f) est à peu près hémisphérique ; son bord interne est appliqué et soudé sur l'enveloppe précédente.

La quatrième enveloppe (A, E, g), tout à fait naissante, est un anneau formé d'une lame bien étroite, car elle a seulement 3 à 4^{mm} de largeur. Comme l'enveloppe précédente, cet anneau est soudé par son bord interne sur l'ensemble des deuxième et troisième enveloppes.

Le papier qui constitue les enveloppes de ce nid, et qui n'a guère que $0^{mm},15$ d'épaisseur, laisse entre ses fibres une multitude de petits vides au travers desquels on voit le jour. Les bandes successives qui ont été ajoutées les unes à la suite des autres, pour constituer ces enveloppes, ont en moyenne $1^{mm},4$ de largeur. A l'exception de quelques-unes qui sont verdâtres, ces bandes sont d'un gris clair assez uniforme et c'est moins par des différences de teinte que par une ligne de suture, plus visible à l'extérieur qu'à l'intérieur de l'enveloppe, que ces bandes restent reconnaissables.

Vespa germanica, Nid 10

Après cet exemple d'un nid tout à fait naissant, voici la description d'un nid bien développé, de forme normale et de taille moyenne, comprenant sept gâteaux.

Les Guêpes ayant été très rares en 1894, il ne m'a pas été possible, malgré de nombreuses recherches, de trouver un seul nid souterrain, bien développé, avant la mi-juillet. L'année précédente, au contraire, je trouvais quatre nids dans une pelouse ayant un are de superficie.

Le nid que je vais décrire a été capturé le 19 juillet, à Warluis, près Beauvais. Deux malheureuses chèvres attachées auprès de ce nid avaient été fortement piquées et avaient attiré l'attention par leurs bêlements.

Logement du nid. — Une profonde tranchée d'approche, com-

mencée à une certaine distance, met bientôt toute une moitié latérale
du nid à découvert (fig. 3).

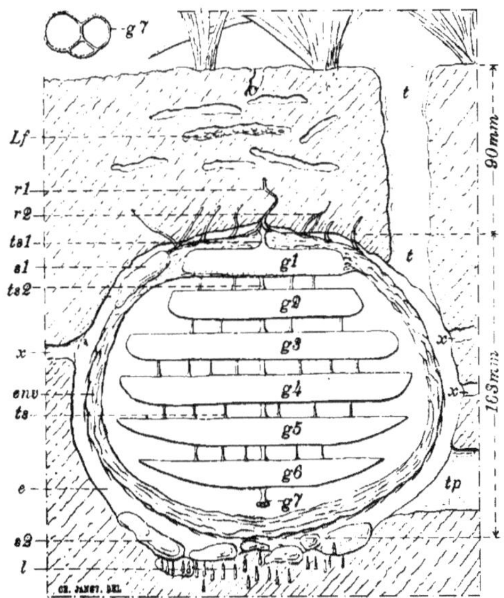

Fig. 3. *V. germanica*, Nid 10, coupe par un plan médian. Réd 0,25.

t. Galerie d'accès.
tp. Trou de taupe.
x. Petites galeries latérales.
e. Vide autour de l'enveloppe.
Lf. Nid de *Lasius flavus* immédiatement au-dessus du nid de *Vespa*.
l. Nombreuses larves (*Pegomyia* (*Acanthiptera*) *inanis* Fall.?) placées verticalement dans
terre au-dessous du nid.
s1. Caillou pris dans l'enveloppe.
s2. Cailloux du déblai, descendus au fond de la cavité.
r1. Racine à laquelle est attachée la lame de suspension primitive du nid.
r2. Autres racines auxquelles le nid a été successivement attaché.
g1 à *g6*. Six gâteaux alvéolaires.
g7. Gâteau naissant ne comprenant encore que la lame de suspension et l'amorce de 3
alvéoles.
ts1. Lame de suspension primitive du premier gâteau.
ts2. Lame de suspension primitive du deuxième gâteau.
ts. Tiges de suspension secondaires.
En haut, à gauche, *g7*, vu par dessous, grossi 1 fois 1/2.

La galerie de communication avec l'extérieur *t*, est absolument
verticale. Une baguette flexible qui y a été introduite a perforé
l'enveloppe et est passée contre le bord du plus grand des gâteaux.

Cette galerie est très courte : le sommet de l'enveloppe du nid est seulement à 9^{cm} au-dessous de la surface du sol.

Extérieurement, le nid a un peu plus de 16 cent. de hauteur et 19 à 20^{cm} de diamètre moyen dans sa région la plus renflée.

Le vide qui règne tout autour du nid et permet aux ouvrières de circuler pour construire les écailles qu'elles ajoutent successivement à l'extérieur de l'enveloppe, a environ 1^{cm} de largeur. Il en résulte que la cavité, creusée dans la terre par les Guêpes pour le logement de leur nid, a des dimensions ne dépassant que fort peu les dimensions extérieures de ce dernier. Sur les côtés de ces cavités débouchent cinq ou six petites galeries *x* que je n'ai pas suivies. Une large galerie *tp*, située à la partie inférieure, paraît être le prolongement du trou de Taupe dont la Guêpe a, sans doute, profité pour pénétrer dans la terre.

Dans la partie tout à fait inférieure de la cavité se sont accumulés les cailloux *s2* provenant de la fouille.

Directement au-dessus du guêpier se trouve un nid de *Lasius flavus* dont une galerie (*Lf*) est remplie de cocons.

Directement au-dessous du nid, et par conséquent sous les cailloux qui forment le fond de la cavité, la terre est remplie de larves *l*, blanches et de forme conique (*Pegomyia* (*Acanthiptera*) *inanis* Fall?) La région occupée par ces larves est très humide.

Enveloppe. — Lorsque le nid a été mis à découvert, j'ai vu deux ou trois Guêpes, qui revenaient de la campagne, y pénétrer par un orifice situé sur le côté, à peu près à mi-hauteur. Après l'enlèvement du nid, l'état de l'enveloppe ne m'a pas permis de reconnaître avec certitude l'existence des deux orifices, l'un d'entrée et l'autre de sortie, vus par de Réaumur (´42) et par Kristof ("79). Un certain nombre de petites pierres (*s1*), qui n'ont pas pu descendre au fond de la cavité, sont incrustées dans l'enveloppe.

Suspension du nid. — Les radicelles *r2* auxquelles le nid est suspendu sont bien visibles. A la partie supérieure, l'enveloppe arrive, en certains points, au contact de la terre qui forme la partie supérieure de la cavité, mais il y a encore, surtout dans les intervalles des racines qui servent d'attaches, de petits passages où les Guêpes peuvent circuler. En démontant le nid, je retrouve la tige de suspension primitive *ts1* du premier gâteau et la racine *r1* à laquelle elle a été soudée.

Gâteaux alvéolaires. — Le premier gâteau est, pour ainsi dire, englobé dans l'enveloppe. Non-seulement les écailles de cette dernière adhèrent à sa face supérieure et à ses côtés, mais on voit, sur la gauche de la figure, un feuillet qui vient recouvrir plus de la moitié des alvéoles. Après avoir enlevé les écailles qui forment ce feuillet, je constate, qu'au-dessous de lui, chaque alvéole est obturé par un petit opercule plat, en papier gris, indépendant des voisins, mal soudé aux bords de l'alvéole et facile à détacher, avec une aiguille, sous forme d'une petite lame grossièrement hexagonale. De petites lignes courbes montrent que chacun de ces opercules est formé par la juxtaposition de quatre petites bandes. Les ouvrières ont ainsi muré, pour en empêcher l'accès, ces alvéoles jugés hors de service. Parmi ceux qui ne sont pas ainsi obturés, la plupart sont vides. Quelques-uns cependant contiennent des œufs ou de jeunes larves. Deux seulement renferment des cocons qui me donnent, le lendemain de la capture, l'un une *Vespa* ouvrière, l'autre un *Rhipiphorus paradoxus* L.

Les 2ᵉ et 3ᵉ gâteaux ont atteint leur diamètre définitif et sont relativement épais sur leurs bords.

Le 4ᵉ et surtout les 5ᵉ et 6ᵉ, qui sont encore en voie de croissance, sont très minces sur leur bord à cause du grand nombre d'alvéoles naissants, encore bien peu profonds, qui forment leur pourtour.

Quant au 7ᵉ gâteau, il ne comprend que trois alvéoles. Le premier de ces alvéoles est encore notablement plus grand que les autres et la figure nucléale qui doit comprendre les quatre premiers alvéoles n'est pas encore formée.

Vespa germanica, Nid 11

Le 4 octobre, je trouve des *V. germanica* établies dans l'intérieur d'un bon mur en briques contre lequel sont palissadés une Vigne et un Poirier. Il est probable qu'un semblable mur ne doit offrir, dans son intérieur, que des cavités bien réduites. Un joint de 1ᶜᵐ d'épaisseur, évidé sur une longueur de 4ᶜᵐ, forme l'entrée du nid. Cette entrée, située à 70ᶜᵐ au-dessus du sol, est masquée par des lames boursouflées construites avec le papier gris, souple, caractéristique de l'espèce. Ces lames, collées au mur, s'étendent, excentriquement, vers le bas et à droite de l'orifice jusqu'à une distance de 15ᶜᵐ.

J'enlève l'ensemble de ces lames en faisant glisser le long du mur un long couteau à désoperculer les rayons de miel et j'obtiens une plaque de 15ᶜᵐ sur 20ᶜᵐ de superficie et de 4 à 5ᶜᵐ d'épaisseur à son centre. La construction de cette plaque, dans laquelle deux ou trois tubulures latérales servaient seules à masquer le trou de vol, doit être attribuée, sans doute, à ce que, par suite des faibles dimen-

sions des cavités praticables dans l'intérieur d'un mur en briques,
les ouvrières ne pouvaient assouvir d'une façon normale, dans
l'intérieur du nid, leur instinct de construction et qu'elles ne pouvaient, ainsi, employer qu'au dehors la majeure partie de la pâte à
papier récoltée.

Une plaque analogue a été observée par André (''81, p. 863). Elle
était construite extérieurement au mur dans lequel se trouvait la
galerie d'accès d'un nid de *Vespa germanica* établi entre le plafond
d'une pièce et le plancher du grenier situé au-dessus.

Vespa vulgaris, Nid 12

J'ai recueilli à Saint-Just-des-Marais, près Beauvais, un très petit
nid de *V. vulgaris* à 18 alvéoles (fig. 4). Ce nid, trouvé pendant l'été,
était tout à fait vide et abandonné et n'avait fourni aucun imago.
C'est un nid qui a été commencé au printemps et n'a pas été continué, probablement par suite de la disparition de la mère.

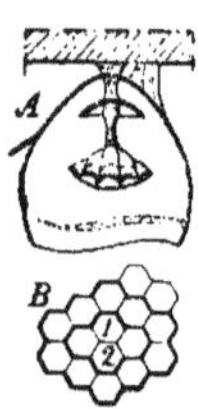

Fig. 4, *V. vulgaris*, Nid 12, Réd 0,5

A. Ensemble du nid. Les enveloppes sont coupées suivant un plan médian.
B. Schéma de l'état d'avancement du gâteau alvéolaire.

Matériaux de construction. — La nature des matériaux dont ce
nid est construit, ne laisse aucun doute sur l'espèce à laquelle il
doit être rapporté. Il est formé d'un carton cassant, identique à
celui de tous les nids de *V. vulgaris* que j'ai observés dans la région
de Beauvais.

La tige de suspension est faite d'un carton de couleur grise, mais
tout le reste du nid est d'une couleur jaunâtre très claire, tout à fait
caractéristique et bien différente de la couleur grise des nids de
V. germanica. Cette couleur est très uniforme et n'est guère inter-
rompue, sur l'enveloppe, que par une bande isolée, brunâtre, que
la figure montre vers la partie inférieure. On sait que cette unifor-
mité de couleur est due à ce que la mère va généralement récolter
ses matériaux au même endroit.

Suspension du nid. — Ce nid est suspendu au plafond d'un petit hangar servant de bûcher. Cette situation aérienne est un peu exceptionnelle, mais Rouget ("*73*, p. 190) a déjà signalé des nids qui étaient construits dans des conditions analogues.

La tige de suspension n'est pas aussi étalée en forme de lame que celle des jeunes nids de *V. germanica*. Tandis que dans ces derniers la tige de suspension constitue une attache, élastique au point de laisser osciller le nid, et, en même temps, très résistante, ici la tige est rigide et cassante. La mère a su parer à ce défaut de solidité par l'addition d'une nervure latérale de consolidation représentée en haut à droite de la figure.

Enveloppes. — Tandis que dans les nids de *V. germanica* les premières enveloppes sont percées d'un trou central dans lequel passe la tige de suspension et ne sont guère soudées à cette dernière, ici la soudure est complète, et tige et enveloppes forment un tout rigide.

Chez *V. crabro* la mère ne construit qu'une seule et unique enveloppe, qui suffit au nid tant qu'il n'y a pas d'ouvrières. Elle laisse à ces dernières le soin d'en construire de nouvelles et de démolir la première devenue insuffisante. Ici nous voyons que la mère, qui n'a jamais eu d'ouvrières avec elle, a construit : 1° une première enveloppe maintenant très réduite ; 2° une enveloppe actuellement complète ; 3° le commencement d'une troisième enveloppe, encore très étroite, soudée assez bas sur le côté de la précédente et ne l'embrassant encore que sur une demi-circonférence. Il est possible que la première enveloppe n'ait jamais été très grande, mais cependant elle semble avoir été déchiquetée sur ses bords par la mère.

Gâteau alvéolaire. — Le gâteau alvéolaire, représenté schématiquement, en bas de la figure, a été, ici, nettement commencé par un seul alvéole bien reconnaissable à sa forme régulière et à la couleur grise de son fond qui est la terminaison de la tige de suspension. Les six alvéoles voisins sont incurvés vers lui. Malgré cela et bien qu'elle soit moins nettement centrale que dans les nids de *V. crabro* et des Guêpes du groupe de *V. media*, la figure nucléale, formée des quatre premiers alvéoles, est encore reconnaissable. Les alvéoles ne contiennent que des œufs et de très jeunes larves desséchées ; la disparition de la mère a donc été très prématurée.

V. vulgaris, Nid 13

Emplacement du nid. — Le 17 septembre, je capture dans le village de Bongenoult, près Beauvais, au-dessus d'une petite écurie, un nid de *V. vulgaris* bien développé. Le plafond de l'écurie est formé d'une assise de bottes de paille de Froment, serrées les unes contre les autres, et posées sur de grosses perches reposant sur les murs par leurs extrémités. Au-dessus se trouve une toiture en tuile et le pignon est formé d'un pan de bois latté et enduit de terre. La mère a établi son nid dans l'épaisseur d'une des bottes de paille placées au contact du pignon. Les Guêpes entrent par un petit trou accidentel de l'enduit en terre et je n'ai qu'à élargir ce trou pour apercevoir les enveloppes.

A sa partie supérieure, le nid est suspendu à un très grand nombre de brins de paille dont la plupart sont horizontaux. La couche de paille qui reste au-dessus du nid est très mince, mais elle est recouverte d'un feutrage continu, assez compact, de 2^{cm} d'épaisseur, formé par les fils d'Araignées et la poussière qui se sont accumulés, depuis plus de vingt ans, dans ce petit grenier où l'on ne peut pénétrer.

Les Guêpes ont creusé dans la masse de la paille, pour y loger leur nid, une vaste cavité ayant 34^{cm} de diamètre et une hauteur un peu moindre.

Au-dessous du nid, une épaisseur de 10^{cm} de paille a été respectée par les Guêpes et les sépare de la tête du cheval qui habite l'écurie. Cette paille est rendue compacte par les menus morceaux découpés par les Guêpes et les débris des épis rongés par de nombreux Insectes.

Enveloppes. — Juste au droit du trou par lequel passaient les Guêpes, les enveloppes présentent deux orifices paraissant servir l'un pour l'entrée et l'autre pour la sortie. Ces deux orifices, parfaitement nets, ont chacun environ 25^{mm} de diamètre et ne sont séparés que par un intervalle de 15^{mm}. L'enveloppe, formée d'une multitude d'écailles superposées, est fabriquée avec cette pâte, non fibreuse, mais grossière et cassante, qui caractérise les nids de *V. vulgaris*.

Forme et dimensions. — La forme de ce nid n'est pas tout à fait circulaire. Il s'est étalé surtout dans le sens parallèle au mur, sans doute parce que les brins de paille étaient plus difficiles à attaquer en bout que de côté. Il y a eu, cependant, un élargissement ultérieur, fait dans ce dernier sens, qui a permis d'ajouter, après coup, à chacun des trois gâteaux inférieurs, une partie supplémentaire formée de grands alvéoles. Les nids de *V. vulgaris* sont généralement plus petits que ceux de *V. germanica*. Le nid que nous étudions ici est de taille moyenne. Le diamètre extérieur de l'enveloppe est de 32^{cm} dans le sens de sa plus grande dimension, et il comprend sept gâteaux.

Gâteaux alvéolaires. — Les trois premiers gâteaux sont formés uniquement de petits alvéoles.

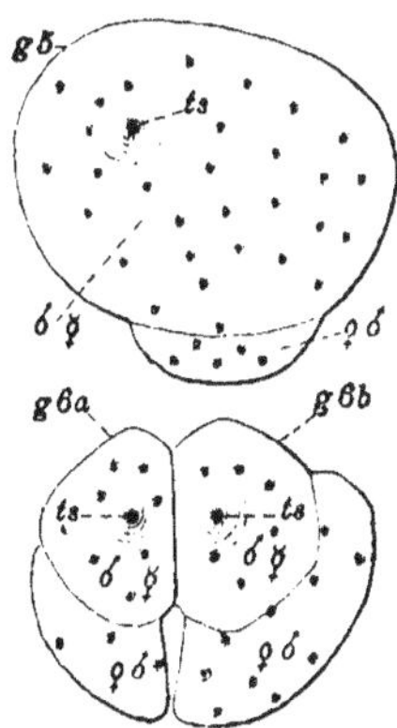

Fig. 5, *V. vulgaris.* Nid 13, Réd 1/8

Les trois suivants, 4ᵉ, 5ᵉ et 6ᵉ, ont chacun, sur un de leurs flancs, un groupe de grands alvéoles (fig. 5). Ces groupes de grands alvéoles ont été manifestement ajoutés, après coup, sur le flanc de gâteaux à petits alvéoles, arrivés à peu près à leur taille définitive. Les Guêpes ont agrandi, d'un seul côté, la cavité creusée dans la paille et c'est, dans la direction de ce nouveau vide, que les grands alvéoles ont été ajoutés.

Quant au 7ᵉ gâteau, il est formé uniquement de grands alvéoles.

Il est probable que le peu d'épaisseur de paille restant au-dessous du nid, a déterminé les Guêpes à ne construire ainsi qu'un seul gâteau à grands alvéoles et à placer sur le côté des gâteaux existants les grands alvéoles qui, normalement, auraient dû constituer un gâteau faisant suite au 7ᵉ.

Sur les six premiers gâteaux, les petits alvéoles contiennent, les uns des ouvrières, les autres des mâles. Ces derniers sont en très grand nombre. Il y a également un petit nombre de mâles dans les grands alvéoles.

Au raccordement des petits et des grands alvéoles, on ne voit guère de ces alvéoles de passage, de forme irrégulière, que les Abeilles construisent le long d'une semblable jonction. Les rangées se continuent assez nettement, mais, pour trouver leur place, les grands alvéoles forment, au moins en commençant, des rangées un peu divergentes. Le long de la ligne de raccordement, les grands alvéoles n'ont guère que la largeur des petits, mais, par compensation, ils s'allongent dans l'autre sens. Leur section a ainsi la forme d'un hexagone légèrement allongé.

Suspension des gâteaux. — Sur le dessus du premier gâteau, un mamelon conique, très saillant et très régulier, constitue sa partie initiale. Ce mamelon conique est surmonté de la tige de suspension primitive, et l'on voit encore le brin de paille horizontal auquel la mère fondatrice a suspendu son nid. Cette tige de suspension primitive a été construite à quelques centimètres seulement du mur, en sorte que le gâteau n'a pu s'étendre que du côté opposé. C'est ainsi que la rangée initiale (petit axe de la figure nucléale), qui est à peu près perpendiculaire au mur, ne présente que cinq alvéoles du côté de ce dernier, tandis qu'elle en a quarante du côté opposé.

Les gâteaux suivants se développent eux aussi d'une façon excentrique.

Le 6ᵉ gâteau présente une disposition spéciale (fig. 5, p. 11). A côté du cône initial normal, situé sensiblement au-dessous des cônes initiaux des gâteaux précédents, on en voit un deuxième montrant que ce gâteau a pris naissance sous forme de deux gâteaux séparés (*g 6a, g 6b*) et, suivant leur ligne de soudure, il y a une dénivellation très marquée, le dessus du gâteau normal *g 6a* étant de 7 à 8^{mm} plus élevé que celui de l'autre gâteau *g 6b*. Chacun des deux gâteaux s'est prolongé, sur un de ses côtés, par une partie formée de grands alvéoles. Ces deux groupes de grands alvéoles ne sont pas arrivés au contact l'un de l'autre et sont restés indépendants.

Alvéoles. — Dans les rangées il y a, par décimètre, 23 petits ou 16 grands alvéoles, ce qui donne mm 4,35 par petit et 6,25 par grand alvéole.

Pour les petits, on a, par décimètre carré, 25 rangées contenant chacune 23 alvéoles soit 575 alvéoles. Pour les grands, on a par décimètre carré 18 rangées de 16 alvéoles soit 288 alvéoles.

Le diamètre moyen et le nombre d'alvéoles contenus dans chacun des gâteaux du nid, est approximativement de :

```
1er gâteau  diam.  moyen  16 cm  1000 petits alvéoles
2e     —       —          20     1800   —      —
3e     —       —          23     2200   —      —
4e     —       —          23     2150 petits et grands alv.
5e     —       —          23     2100   —      —   —
6e     —       —          20     1800   —      —   —
7e     —       —          15      450 grands alvéoles.
                                 ─────────────
    Total pour tout le nid....   11500 alvéoles.
```

Sur le 1er gâteau, dans la moitié qui comprend la région initiale, la masse des excreta émis, dans chaque alvéole, par les larves, au moment de leur transformation en nymphe, se divise en trois fragments emboîtés les uns dans les autres, ce qui montre que chacun de ces alvéoles a servi de berceau à trois individus. Non-seulement chacun de ces fragments est facile à isoler du précédent, mais si, avec un scalpel, on coupe l'ensemble de la masse, on la trouve divisée en trois, par deux lignes claires formées par les cocons au fond desquels les sacs noirs ont été rejetés.« Ces alvéoles, qui ont servi au développement de trois individus, ne contiennent plus aucune espèce de progéniture et ne serviront donc pas une quatrième fois.

Dans la moitié la plus éloignée de la région initiale, les alvéoles n'ont encore servi qu'à la nymphose de deux individus, mais ils contiennent, presque tous, des larves ou des cocons. A peu près un quart des alvéoles, qui sont pourvus d'œufs, en contiennent deux et même trois.

Sur le 6e gâteau, les alvéoles des deux régions initiales (fig. 5 p. 11), renferment presque tous une nymphe et de plus le fond de l'alvéole contient une masse noire formée de deux parties. Ces alvéoles ont donc aussi servi de berceau chacun à trois individus.

Nymphes placées en position inverse de la position normale. — Pour filer leur cocon, les larves sont forcées de se replier sur elles-mêmes pour que leur labium puisse atteindre le fond de l'alvéole. Dans le présent nid, je trouve douze larves qui ont émis, étant dans cette position inversée, le sac noir qu'elles rejettent avant la nymphose, et ce sac s'est ainsi collé et moulé, non pas dans son emplacement habituel qui est le fond de l'alvéole, mais sous l'opercule, à travers lequel il est bien visible par transparence.

A la suite de cette émission anormale du sac noir, deux cas peuvent se présenter.

Dans le premier, la larve reste dans sa position inversée, la tête vers le fond de l'alvéole et l'imago ne pourra sortir qu'en perforant le fond du gâteau : j'ai trouvé dix individus dans cette position.

Dans le deuxième cas, la larve se retourne et ramène sa tête du côté de l'opercule. J'ai trouvé deux larves dans ces conditions et j'ai constaté qu'elles avaient, après avoir repris leur position normale, continué à filer de la soie. Le sac noir rejeté est, pour ainsi dire, logé entre deux opercules.

Insectes trouvés dans la paille autour du nid. — Dans les 10^{cm} d'épaisseur qui restent au-dessous du nid, je constate que la paille et les débris sont extrêmement secs, sauf dans une partie bien limitée, située un peu latéralement, où la paille est très humide et transformée en une sorte de fumier. Cette région humide est remplie de larves de Diptères qui me paraissent être des *Acanthiptera inanis*, satellites normaux des nids de *V. vulgaris* et de *V. germanica*.

Dans les parties sèches de cette couche inférieure, je trouve, en grand nombre, d'autres Insectes n'ayant, vraisemblablement, aucune relation avec le guêpier, mais, probablement attirés là par les grains de blé, échappés au battage et restés dans les épis. Ce sont surtout des *Lepisma saccharina* et des larves de *Tenebrio molitor*.

Je trouve également beaucoup d'exuvies de larves de *Dermestes lardarius* qui me paraissent s'être nourries des débris animaux abandonnés par les Guêpes. Voici au sujet de ce Coléoptère une observation faite par M. Vincent Foy, apiculteur à Montmartin. Il avait placé dans une chambre, pour les faire sécher et les distribuer aux écoles de sa région, un bon nombre de nids souterrains, recueillis en 1893, année où ils ont été si extraordinairement abondants. Au printemps, il apparut une grande quantité de *Dermestes* qui s'accouplèrent et pondirent sur un tas de Guêpes mortes déposées dans un coin de la chambre. L'éclosion des œufs eut lieu peu après, et les larves dévorèrent complètement tous les cadavres de Guêpes.

Parasites de l'intérieur du nid. — Dans l'intérieur du nid, je trouve comme parasites :

1° Quelques Acariens ;

2° Un très petit nombre de grosses larves de *Rhipiphorus*, dans l'intérieur de cocons ;

3° Une quinzaine de larves que M. Künckel d'Herculais a reconnues être *Volucella inanis*.

Ces dernières sont fort jolies, de forme ovalaire et très aplaties. Elles sont remarquables par la propreté de leur tégument et la transparence cristalline des festons qui bordent leur corps. Elles sont dépourvues des prolongements rayonnants caractéristiques de la plupart des autres Volucelles. Je les ai vues, assez fréquemment, sortir d'un alvéole contenant une larve, ramper à la surface du gâteau et aller, après avoir accompli un certain trajet, se cacher dans un autre alvéole. Elles savent pénétrer même dans un alvéole contenant une grosse larve de Guêpe, et cela, grâce à leur forme aplatie qui leur permet de s'insinuer, peu à peu, entre la paroi alvéolaire et le corps de la larve. Elles arrivent, ainsi, à se dissimuler complétement. Ces larves m'ont paru vivre exclusivement dans l'intérieur du nid, car je n'en ai trouvé aucune dans les détritus situés à l'extérieur.

Vespa rufa L.

J'ai capturé, à Beauvais, quelques individus de cette espèce mais, jusqu'ici, je n'ai pas rencontré son nid.

Giard (*"73*, p. 240) la signale comme n'étant pas très rare dans les environs de Lille où elle butine sur les fleurs des Scrophulaires, dans les endroits boisés, surtout au bord des cours d'eau. Rouget (*" 73*, p. 190), aux environs de Dijon, a capturé un mâle sur des fleurs de lierre. D'après lui, cette espèce semble habiter de préférence les bois. Kristof (*"79*, p. 44) a capturé une vingtaine de mâles sur les ombelles de *Heracleum sphondylium* et autres Ombellifères.

D'après Rouget (*"73*, p. 190), qui a trouvé deux nids de *V. rufa* aux environs de Dijon, le papier dont est formé son nid a la couleur et la consistance du papier des nids de *V. germanica*.

Observations diverses relatives à V. germanica et V. vulgaris

Caractères distinctifs du groupe de V. germanica. — Le groupe de *V. germanica* (*V. germanica* et *V. vulgaris*) se distingue du groupe de *V. media* (*V. media, V. silvestris, V. saxonica*), par les deux caractères suivants :

1° La partie antero-dorsale du corselet ne présente pas de carène, mais est tout à fait arrondie.

2° Les yeux arrivent presque au contact des mandibules, tandis qu'ils en sont nettement séparés chez les Guêpes du groupe de *V. media*.

Caractères distinctifs de V. vulgaris et V. germanica. — Malgré la grande ressemblance qui a fait, si souvent, confondre ces deux espèces, elles présentent des caractères distinctifs généralement assez nets. Les déterminations que j'ai faites à Beauvais se sont toujours trouvées d'accord avec l'indication spécifique fournie par les matériaux de construction du nid.

Parmi les caractères qui permettent de distinguer les deux espèces, il faut mettre en première ligne les suivants :

	V. vulgaris	*V. germanica*
Lignes jaunes longitudinales sur les côtés de la partie antérieure du corselet.	Etroites et régulières.	Elargies en dehors.
Partie jaune du sinus des yeux.	Echancrée.	Non échancrée.
Taches noires de l'épistome.	Ligne médiane noire souvent dilatée, parfois discontinue ou réduite à un point, mais non accompagnée de 2 points noirs latéraux.	Ligne médiane accompagnée de deux points noirs latéraux. La ligne médiane se réduit souvent à un point.
Tibias.	Présentent souvent des taches noires.	Sont ordinairement entièrement jaunes.

D'après Kristof (*"79*, p. 42) *V. vulgaris* serait d'un caractère moins irascible que *V. germanica*.

Rouget (*"73*, p. 192), après avoir fait observer que aux environs de Dijon, *V. vulgaris* est moins commune que *V. germanica*, ajoute que cependant, dans les bois de sa région, on rencontre *V. vulgaris* plus fréquemment que *V. germanica*.

A Beauvais, comme d'ailleurs dans tout le nord de la France, les *V. germanica* sont également beaucoup plus communes que *V. vulgaris*.

Emplacement des nids. — Rouget (*"73*, p. 190) a signalé des nids de *V. germanica* non souterrains. Il en a trouvé dans les arbres creux, dans les vieux murs, sous les parties saillantes des toits, dans l'intérieur des hangars et des greniers, dans les angles des murs des chambres inhabitées, dans l'embrasure des fenêtres, dans les cheminées, dans un tonneau.

André (*"81*, p. 862) a observé un nid de *V. germanica* établi au-dessus de son cabinet de travail entre le plafond et le plancher qui le surmontait.

Je n'ai trouvé jusqu'ici qu'un seul nid de *V. germanica* suspendu sous une toiture. C'était un nid tout à fait naissant, analogue au petit nid souterrain nº 9 décrit plus haut. Il était facile à distinguer des nids normalement aériens par sa forme plus ovoïde et plus allongée (fig. 1) et par la nature un peu plus grossière du papier. Tous les autres nids de *V. germanica* que j'ai recueillis, étaient souterrains.

V. vulgaris, d'après Rouget, peut également faire son nid hors de terre, dans les mêmes conditions que *V. germanica* (˝73, p. 162).

A Beauvais j'ai trouvé les nids de *V. vulgaris* plus fréquemment hors de terre que ceux de *V. germanica*. Le nid naissant nº 12 était fixé sous les voliges de la toiture d'un petit hangar servant de bûcher. Le nid bien développé nº 13 était dans le lit de bottes de paille extrêmement sèche qui formait le plafond d'une petite écurie. Dans mon jardin j'ai eu un très grand nid dans l'intérieur d'un saule creux ; l'orifice d'entrée et le nid lui-même était à 1ᵐ.50 au-dessus du sol.

Matériaux de construction des nids. — On sait que malgré la grande ressemblance qui existe entre *V. germanica* et *V. vulgaris*, ces deux espèces construisent leurs nids avec des matériaux absolument différents.

Les *V. germanica* fabriquent un véritable papier. C'est, comme l'a déjà observé de Réaumur (˝42, T. 6, p. 180), sur de vieux bois (treillages, échalas, clôtures, contrevents) que l'on peut les voir faire leur récolte. La surface du bois a été rouie par la pluie et les fibres peuvent, plus facilement, être détachées. Il y a d'ailleurs une grande ressemblance entre la couleur du papier des nids de cette espèce et la couleur grise du bois exposé depuis longtemps aux intempéries atmosphériques.

V. vulgaris, comme *V. crabro*, emploie du bois pourri facile à réduire en sciure et fabrique un carton cassant.

La différence des matériaux de construction est toujours bien reconnaissable et elle est particulièrement frappante sur les très jeunes nids. Ces derniers sont toujours gris pour *V. germanica* tandis qu'ils sont très souvent jaune-clair pour *V. vulgaris*

Galerie d'accès. — La figure 3 montre un nid de *V. germanica*, dont la galerie d'accès est droite et courte. C'est là un cas exceptionnel. Kristof (˝79, p. 41) cite un nid dont la galerie d'accès était d'abord ascendante et descendait ensuite. L'anesthésie des habitants du nid par introduction d'un flacon d'éther, renversé dans le

trou de vol, devient, dans ce cas, assez difficile et il faut alors, pour la capture, avoir recours à l'asphyxie par la fumée et la vapeur de soufre ou à l'emploi de vêtements capables de protéger efficacement.

Orifices doubles dans l'enveloppe des nids. — On sait que de Réaumur ("*42*, p. 168, pl. 14) a constaté dans les enveloppes des nids souterrains, qu'il a observés, la présence de deux orifices qu'il considère comme étant, l'un un orifice d'entrée, l'autre un orifice de sortie. Kristof ("*79*, p. 41) a signalé, lui aussi, dans un nid de *V. germanica*, l'existence, à la partie inférieure de l'enveloppe, de deux grandes ouvertures rondes servant, l'une d'orifice d'entrée, l'autre d'orifice de sortie. Rouget ("*73*, p. 174) dit qu'il y a dans l'enveloppe des nids de *Vespa germanica*, soit une seule ouverture, qui sert à la fois à l'entrée et à la sortie des Guêpes, soit deux ouvertures distinctes qui sont alors plus petites.

Ainsi que je l'ai dit plus haut, un nid de *V. vulgaris* que j'ai trouvé dans l'intérieur d'une botte de paille (nid 13) présentait, au droit de la galerie d'accès pratiquée dans un mur en terre, deux orifices très nets de 25^{mm} de diamètre séparés seulement par un intervalle de 15^{mm}.

Tiges de suspension secondaires. — Le nombre des tiges de suspension secondaires qui soutiennent un gâteau alvéolaire, peut devenir très considérable. C'est ainsi que de Réaumur ('*42*, T. 6, p. 171) a vu de grands gâteaux suspendus aux précédents par plus de cinquante tiges de suspension sans compter les quelques liens qui les reliaient à l'enveloppe.

Localisation des petits et des grands alvéoles. — De Réaumur ('*42*, T. 6, p. 193) dit avoir remarqué que les gâteaux supérieurs sont formés uniquement de petits et les gâteaux inférieurs uniquement de grands alvéoles. Rouget ("*73*, p. 174) a constaté que le plus souvent il en est bien ainsi.

Gâteaux intermédiaires contenant à la fois des petits et des grands alvéoles. — Rouget ("*73*, p. 174) a déjà observé qu'il existe parfois entre les gâteaux supérieurs formés uniquement de petits et les gâteaux inférieurs formés uniquement de grands alvéoles, des gâteaux intermédiaires dont quelques parties contiennent des petits alvéoles tandis que le surplus est formé de grands. Il ajoute que cela arrive notamment lorsque les gâteaux ont une grande étendue.

Le nid observé par André ("*81*, p. 862) entre le plafond de son cabinet de travail et le plancher du petit grenier situé au-dessus comprenait cinq gâteaux dont les deux inférieurs étaient formés en partie de petits et en partie de grands alvéoles. Gêné dans son développement dans le sens vertical ce nid s'était étalé en largeur.

P. Marchal (*'94*ᵃ), également, a souvent observé de semblables gâteaux mixtes sur lesquels le passage des petits aux grands alvéoles se faisait au moyen d'une ou deux rangées d'alvéoles intermédiaires.

Le nid de *V. vulgaris* (n° 13), décrit ci-dessus (fig. 5, p. 11), fournit encore un exemple du même fait. Dans ce cas particulier, les Guêpes ont agrandi la cavité dans laquelle était logé leur nid, ont démoli partiellement des enveloppes déjà épaisses qui n'étaient pas destinées à être ainsi modifiées, et ont ajouté, sur le flanc de trois gâteaux à petits alvéoles (4ᵉ, 5ᵉ et 6ᵉ), un groupe plus ou moins important de grands.

Nombre des gâteaux à grands et des gâteaux à petits alvéoles.— Chez les Guêpes à nid souterrain qui peuvent avoir jusqu'à quinze gâteaux (de Réaumur, *'42*, T. 6, p. 194), il n'y a généralement que les 4 ou 5 derniers qui soient composés de grands alvéoles.

P. Marchal (*'94*ᵃ) fait remarquer que, d'une façon générale, chez *V. vulgaris* et *V. germanica*, le nombre des gâteaux à grands alvéoles est toujours beaucoup plus petit que celui des gâteaux à petits.

J'ai eu également l'occasion de faire la même observation sur ces deux espèces, mais chez *Vespa crabro* (*'94*ʰ), j'ai trouvé qu'il en était autrement et qu'un très petit nombre de gâteaux à petits alvéoles étaient, dans les nids bien développés, suivis d'un nombre bien plus considérable de gâteaux à grands alvéoles.

Alvéoles des mâles. — De Réaumur (*'42*, T. 6, p. 193) dit, en parlant de Guêpes à nid souterrain, qu'il y a des alvéoles différents pour les ouvrières, les mâles et les reines.

Rouget (*'73*, p. 174), après avoir signalé l'existence de gâteaux formés à la fois de petits et de grands alvéoles, ajoute que, dans ce cas, les petits alvéoles donnent des mâles.

P. Marchal (*'94*ᵃ), qui a étudié la distribution des sexes dans les alvéoles, a montré que, dans aucun cas, chez *V. germanica* et *V. vulgaris*, il n'est construit d'alvéoles sur un type spécial pour le sexe mâle.

Il en est de même chez *V. crabro* (J. *'94*ʰ) et chez *V. silvestris* (J. *'94*ⁱ).

Développement maximum des nids de V. germanica et V. vulgaris. — De Réaumur (*'42*, T. 6, p. 194) a observé un nid souterrain, probablement de *V. germanica*, qui comprenait quinze gâteaux dont les cinq derniers étaient formés de grands alvéoles. Le plus grand des nids de *V. germanica* capturés par Kristof, en Styrie, à la fin d'août (*"79*, p. 40), mesurait 28^{cm} de diamètre sur 50^{cm} de hauteur et comprenait treize gâteaux.

D'après Rouget (*"73*, p. 191), les dimensions maxima des nids de *V. vulgaris*, sont celles d'une sphère de 30^{cm} de diamètre avec douze gâteaux et 20,000 alvéoles. Lorsque des obstacles empêchent le nid de prendre ainsi une forme sphérique, une des dimensions l'emporte sur l'autre et peut atteindre 40^{cm}. Le plus grand des nids de *V. vulgaris* capturé par Kristof (*"79*, p. 42), avait 22^{cm} de diamètre, 30^{cm} de hauteur et comprenait douze gâteaux.

Sort final du nid. — Kristof (*"79*, p. 43) a constaté pour *V. vulgaris* et pour *V. germanica*, que, dès le mois de février, les nids sont tombés en décomposition.

J'ai cherché à retrouver au printemps, les traces de deux nids importants de *V. germanica* que j'avais observés dans mon jardin, dans le courant de l'année précédente. Je n'ai absolument rien retrouvé, mais la terre contenait, à l'emplacement de l'un des nids, de nombreuses larves de Diptères et à l'emplacement de l'autre un nid de *Lasius flavus*.

Calendrier. — Voici, d'après Rouget (*"73*, p. 190), les dates auxquelles ont lieu, dans les nids de *V. germanica*, les éclosions des trois formes d'individus :

Les premières éclosions d'ouvrières ont lieu dans la deuxième quinzaine de juin.

A la fin d'août il y a des alvéoles de reines operculés.

Les mâles et les reines sortent de leur cocon du commencement de septembre jusqu'au commencement de novembre.

Chez *V. vulgaris* (p. 193), les mâles et les reines lui ont paru sortir du nid un peu plus tard que chez *V. germanica*, et tandis qu'il a vu, aux environs de Dijon, pour cette dernière espèce, à la fin d'août, des alvéoles de reines déjà operculés, il n'y en avait pas encore dans les nids de *V. vulgaris*.

D'après les observations faites par Rouget, aux environs de Dijon (*"73*, p. 193), la disparition finale de la progéniture aurait lieu un peu plus tard dans les nids de *V. vulgaris* que dans ceux de *V. germanica*.

Nourriture. — Dans un grand nid de *V. germanica*, tenu en captivité, Kristof (*"79*, p. 41) a vu que la mère s'occupait beaucoup des soins à donner à sa progéniture, mais, dans cette circonstance particulière, elle nourrissait ses larves d'une manière toute spéciale. Elle arrachait violemment et brusquement, hors de son alvéole, une larve jeune mais bien grasse, et après l'avoir déchirée, elle la donnait comme pâtée à une autre grosse larve.

Les Guêpes sont attirées par les liquides qui s'écoulent du tronc des arbres et en particulier des Chênes et des Ormes, lorsque ces derniers commencent à être attaqués par les Scolytes (Rouget, *"73*, p. 183).

Ce même auteur (*"73*, p. 182) a signalé les Araignées comme figurant parmi les proies vivantes qui servent à la nourriture des Guêpes.

J'ai fréquemment, en septembre et en octobre, trouvé des restes de ces animaux sous mes nids de *V. crabro* (J *"94*ʰ).

Au-dessous de plusieurs nymphes de reines (*V. vulgaris*), extraites de leur cocon avant leur éclosion, j'ai trouvé à l'état desséché, le sac noir rejeté par la larve au commencement de la nymphose. Ce sac, comme celui des ouvrières et des mâles, contenait de nombreux débris chitineux. Les larves de reines de Guêpes ne reçoivent donc pas exclusivement, comme les larves de reines d'Abeilles, de la nourriture élaborée liquide, et les boulettes nutritives, formées d'Insectes broyés, ne sont pas exclues de leur alimentation.

Végétaux fréquentés par les Guêpes. — Ainsi que nous l'avons vu précédemment, les *Vespa rufa* vont butiner sur les ombelles d'*Heracleum sphondylium* et autres Ombellifères, ainsi que sur les fleurs de Scrophulaires et les fleurs de Lierre.

Il en est de même des autres espèces qui vont chercher sur ces fleurs des liquides sucrés.

A Beauvais, je vois fréquemment en mai des Guêpes reines venir se poser sur les feuilles des Lauriers du Caucase. D'après Giard (*"73*, p. 239), si les Guêpes *(V. crabro)* vont sur les jeunes pousses des arbres, c'est surtout pour y recueillir la matière gommeuse des bourgeons qu'elles emploient comme ciment. J'ai toujours observé, sur la tige de suspension des jeunes nids, mais là seulement, une matière brune, visqueuse, luisante et tenace, sorte de propolis, qui a, peut-être, été ainsi récoltée sur les bourgeons.

Les Guêpes sont aussi attirées sur certaines plantes par les sécrétions sucrées des pucerons qui s'y trouvent. Elles sont attirées, en particulier (Rouget, *"73*, p. 183), par les pucerons qui vivent sur les Saules. A. O. Walker *(Nature,* T. 48, p. 54) a constaté, dans un jardin, que des massifs de *Cotoneaster microphylla*, bien exposés au soleil et infestés de *Lecanium ribis*, attiraient, en mai, grâce à la sécrétion de cette Coccide, un grand nombre de Guêpes reines qui, là, pouvaient être capturées aisément.

Perception du bruit par les larves de Guêpes. — L'expérience suivante montre que les larves de Guêpes perçoivent les sons. J'étale sur une planche, les uns à côté des autres, des fragments de gâteaux sur lesquels j'estime qu'il y a un millier de grosses larves (*V. vulgaris*, Nid 13).

Lorsque je frappe avec un crayon un coup sec sur la planche, les mille larves se renfoncent toutes, instantanément et simultanément, dans leurs alvéoles.

Ensuite, je produis un son de cloche en frappant avec un petit morceau de bois sur un grand verre à précipiter, tenu, horizontalement, à une distance variable, directement au-dessus du nid. Jusqu'à une distance supérieure à 1 mètre, l'effet produit est exactement le même que lorsque je frappe la planche avec un crayon, et à 2 mètres l'effet est encore considérable.

Je place les gâteaux sur le plancher de mon laboratoire et je fais produire le même son avec le verre à précipiter placé près du plafond bien verticalement au-dessus du nid. La distance est d'environ 3 mètres. L'effet produit, beaucoup moindre qu'aux plus petites distances, est cependant encore très appréciable.

Cette expérience montre que les larves de Guêpes entendent et réagissent, lorsqu'un son un peu violent est émis, même à une assez grande distance.

Accouplement. — Tous ceux qui ont observé des *V. germanica* ou des *V. vulgaris*, tenues en captivité, ont pu, en octobre, voir, comme de Réaumur ('42, T. 6, p. 200), les mâles et les reines s'accoupler sur les enveloppes du nid. D'après Rouget ("73, p. 180), les choses ne se passent pas ainsi dans la nature, et normalement, l'accouplement a lieu à une certaine distance du nid, commençant sur des arbustes et se terminant à terre.

Enlèvement des dernières larves. — Rouget ("73, p. 179) a vu les dernières Guêpes arracher les larves hors de leurs alvéoles à la fin de septembre et dans la première quinzaine d'octobre; mais il a remarqué qu'à la même époque, certains nids ne contiennent plus de larves, tandis que, dans d'autres, il en existe encore une assez grande quantité. Il a trouvé des nids contenant encore des larves plus de quinze jours après qu'il n'en restait plus dans d'autres nids. Il a constaté aussi (p. 180) que les larves de reines peuvent être conservées, alors que les larves d'ouvrières ont disparu. C'est ainsi qu'il en a trouvé jusque vers la fin d'octobre.

Hivernage. — D'après Kristof ("*79*, p. 43) les femelles fécondées de *V. vulgaris* et de *V. germanica*, hivernent généralement dans la mousse des bois.

Les reines, engourdies dans leurs retraites d'hiver (Rouget, "*73*, p. 181), ont, ainsi que cela a été signalé souvent, les ailes repliées sous le corps, à peu près dans la même position que pendant l'état de nymphe. Rouget l'a aussi constaté plusieurs fois, à la fin d'octobre, sur des *V. germanica* non fécondées et retenues captives : suivant que la température était plus ou moins basse, elles donnaient à leurs ailes la position en question ou la position normale.

Réveil au printemps. — Le 30 mars 1894, j'ai trouvé une vingtaine de *Vespa germanica* reines, qui venaient de sortir de leur sommeil hivernal et cherchaient à sortir par la fenêtre vitrée du grenier dans lequel elles avaient passé l'hiver.

Durée de la vie d'une Guêpe décapitée. — Le 13 janvier 1894, je trouve dans un grenier deux *Vespa germanica* reines. Apportées dans mon laboratoire où le thermomètre marque 17 degrés, elles deviennent assez vives pour circuler sur ma table et darder leur aiguillon lorsque je les inquiète.

Je décapite une de ces femelles et après avoir recouvert la plaie, sur la tête et sur le corps décapité, d'une mince couche de gomme laque dissoute dans l'alcool, je conserve les deux parties dans un récipient en verre formant une chambre modérément humide. Au bout d'une demi-heure, la tête ne montre plus aucun mouvement ni des antennes ni des mandibules.

Le 17 janvier, quatre jours après la décapitation, le corps est encore capable de quelques mouvements, mais le lendemain 18, tout indice de vie a disparu.

Capture des nids. — Comme Kristof ("*79*, p. 42) j'ai remarqué, lors de la capture des nids de *V. germanica*, et j'ai fait la même observation pour *V. vulgaris*, que les Guêpes qui vous assaillent avec fureur, au moment où l'on attaque les abords de leur demeure, sont moins excitées et paraissent plus résignées à la fin de l'opération, au moment où l'on enlève le nid lui-même.

Pegomyia (Acanthiptera) inanis Fall.? des nids de V. germanica et V. vulgaris. — Les nids de *Vespa germanica* (nid 10) et de *Vespa vulgaris* (nid 13) décrits ci-dessus, sont couverts d'une quantité innombrable de petits œufs blancs allongés et côtelés, ayant $1^{mm},5$ de longueur et $0^{mm},4$ de largeur.

Ces œufs sont collés sur la face extérieure de la plupart des écailles qui constituent l'enveloppe du nid. Ils existent, non seulement sur les écailles les plus extérieures de l'enveloppe, mais aussi sur les écailles plus profondes. Ils ont probablement été pondus sur ces écailles, actuellement recouvertes par d'autres plus récentes, au moment où elles formaient la partie la plus externe de l'enveloppe.

Placés dans une boîte en verre, ces œufs donnent de petites larves blanches, lisses et coniques, qui peuvent se recourber en anneau et, en se redressant, faire un saut de plusieurs centimètres. Déposées sur de la terre légèrement humide, ces larves y pénètrent rapidement. Lorsqu'elles éclosent en place, sur la paroi de l'enveloppe, il leur suffit probablement de quelques bonds pour arriver au-dessous du nid, pénétrer dans la terre et se mêler à leurs aînées.

Ces jeunes larves sauteuses m'ont paru être les jeunes des larves blanches, allongées et coniques que j'ai trouvées, en si grand nombre, placées verticalement, la tête en haut, dans une région très humide, au-dessous des nids qui étaient couverts de ces œufs. J'ai considéré ces dernières comme étant les larves de *Pegomyia (Acanthiptera) inanis*, Fallen, espèce que j'ai d'ailleurs trouvée, à l'état d'imago, dans les nids en question.

Ritzema (*"74*) a trouvé, aussi, cette espèce à l'état d'imago, aux environs de Harlem, dans presque tous les nids de *V. germanica*. Elle entrait et sortait par la galerie du nid, sans être inquiétée par les Guêpes. Les œufs que le même observateur a trouvés, en nombre, sur la plupart des nids de *V. germanica*, étaient vraisemblablement les mêmes que ceux des nids étudiés ici. Les dimensions qu'il donne concordent bien avec les dimensions que j'ai trouvées.

Sur un nid de *V. vulgaris* qu'il a étudié, André (*"81*, p. 515) a vu un grand nombre de petits œufs blancs de forme allongée et côtelés, qui me paraissent identiques à ceux qui nous occupent ici, mais il reste dans l'indécision au sujet de l'espèce à laquelle ils appartiennent, et ce sont d'autres œufs, tout à fait différents, qu'il attribue aux *Acanthiptera inanis*.

Ces larves blanches coniques, qui se tiennent ainsi au-dessous du nid, ont d'ailleurs été vues par presque tous les observateurs qni ont étudié les Guêpes. Elles sont citées par Künckel d'Herculais (*"75*) et par Bugnion (*in* André, *"81*, p. 513). Ce dernier a obtenu leur éclosion au mois de juin suivant. C'est également en juin que Perris a obtenu des éclosions d'*Acanthiptera inanis* provenant de larves récoltées, l'année précédente, dans un nid de *V. vulgaris*.

Rhipiphorus (Metœcus) paradoxus L. — Kristof (*"79*, p. 42) a trouvé *Metœcus paradoxus* dans les nids de *V. vulgaris* L. à raison de deux ou trois individus par nid. Quatre nids lui ont fourni trois mâles et dix femelles.

A Beauvais, j'ai trouvé ce Coléoptère, en petit nombre, dans tous les nids bien développés de *V. vulgaris* et de *V. germanica* que j'ai récoltés.

Gordius. — Dans un nid de *V. vulgaris*, Kristof (''79, p. 42), a trouvé un mâle vivant, de l'abdomen duquel sortait un gros Gordius. Quelques autres vers semblables circulaient librement dans le nid, au milieu des Guêpes et des larves de Diptères.

AUTEURS CITÉS

(Voir l'Index bibliographique de la 9ᵉ Note)

'42 **de Réaumur**, *Mémoires pour servir à l'histoire des Insectes,* 1734-1742.

''74 **Ritzema**, Petites nouvelles entomologiques, 15 janvier 1874.

''75 **Kunckel d'Herculais** J., *Recherches sur l'Organisation et le développement des Volucelles,* Paris 1875.

''76 **Perris** Ed., Ann. Soc. Ent. de France, 1876, p 241.

''77 **Perris** Ed., Ann. Soc. Ent. de France, 1877, p 379.

''79 **Kristof** L. J., *Ueber einheimische, gesellig lebende Wespen und ihren Nestbau,* Mitheil. d. naturw. Ver. f. Steiermark, An 1878, p 38, 1879.

''83 **André** Ed., *Les Guêpes, in :* André Ed., Species des Hyménoptères d'Europe et d'Algérie, T 2, p 405, 1883.

''94ª **Marchal** Paul, *Note préliminaire sur la distribution des sexes dans les cellules du guêpier,* Arch. de Zool., S 3, T 2, p 3', 1894.

''94ʰ **Janet** Charles, *Etudes sur les Fourmis, les Guêpes et les Abeilles,* 9ᵉ *Note, Sur Vespa crabro,* Mém. Soc. Zool. de France, séance du 12 décembre 1894, An 1895, T 8.

''95ª **Janet** Charles, *Etudes sur les Fourmis, les Guêpes et les Abeilles,* 10ᵉ *Note, Sur Vespa media, V. silvestris et V. saxonica,* Mém. Soc. Acad. de l'Oise, séance du 18 février 1895.

La présente note fait partie d'une série d'Etudes relatives aux Hyménoptères, comprenant :

Etudes sur les Fourmis, **1**re Note, *Sur la production des sons chez les Fourmis et sur les Organes qui les produisent*, Ann. Soc. Ent. de Fr., An 1893, T 62, p 159 (Séance du 22 mars 1893), Paris 1893.

Etudes sur les Fourmis, **2**me Note, *Appareil pour l'élevage et l'observation des Fourmis*, Ann. Soc. Ent. de Fr., An 1893, T 62, p 467 (Séance du 10 mai 1893), Paris 1893.

Etudes sur les Fourmis, **3**me Note, *Nids artificiels en plâtre. Fondation d'une colonie par une femelle isolée*, Bull. Soc. Zool. de Fr., An 1893, T 18, p 168 (Séance du 25 juillet 1893), Paris 1893.

Etudes sur les Fourmis, **4**me Note, *Pelodera des glandes pharyngiennes de Formica rufa L.*, Mém. Soc. Zool. de Fr., An 1894, T 7, p 45 (Séance du 22 janvier 1894), Paris 1894.

Etudes sur les Fourmis, **5**me Note, *Sur la morphologie du squelette des segments post-thoraciques chez les Myrmicides (Myrmica rubra L. femelle)*, Mém. Soc. Acad. de l'Oise, An 1894, T 15, p 591 (Séance du 19 mars 1894), Beauvais 1894.

Etudes sur les Fourmis, **6**me Note, *Sur l'appareil de stridulation de Myrmica rubra L.*, Ann. Soc. Ent. de Fr., An 1894, T 63, p 109 (Séance du 28 février 1894), Paris 1894.

Etudes sur les Fourmis, **7**me Note, *Sur l'Anatomie du pétiole de Myrmica rubra L.*, Mém. Soc. Zool. de Fr., An 1894, T 7, p 165 (Séance du 27 février 1894), Paris 1894.

Etudes sur les Fourmis, **8**me Note, *Sur l'Organe de nettoyage tibio-tarsien de Myrmica rubra L.*, Ann. Soc. Ent. de France, An 1894, T. 63, p. 691 (Séance du 23 mai 1894), Paris 1895.

Etudes sur les Fourmis, les Guêpes et les Abeilles, **9**e Note, *Sur Vespa crabro, Histoire d'un nid depuis son origine*, Mém. Soc. Zool. de France, séance du 12 décembre 1894, T 8, 1895.

Etudes sur les Fourmis, les Guêpes et les Abeilles, **10**e Note, *Sur Vespa media, V. silvestris et V. saxonica*, Mém. Soc. Acad. de l'Oise, séance du 18 février 1895.

Etudes sur les Fourmis, les Guêpes et les Abeilles, **11**e Note, *Sur Vespa germanica et V. vulgaris*, 1895.

Limoges, imp. V⁰ H. Ducourtieux, 7, rue des Arènes.